呂昇達

職・人・手・作

吐司全書

從名店熱銷白吐司到日本人氣頂級吐司
一次學會八大類型開店秒殺職人手作技法

呂昇達 著

目錄
CONTENTS

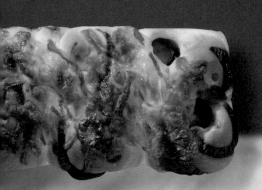

自序

麵包有很多種樣貌和口感味道，然而最能夠代表麵包生活的，莫過於是天天都能食用的吐司。

選擇不同的材料，不同的風味組合，加上自己的巧思，配合純熟的烘焙技巧，就能創造出屬於自己的吐司作品。

老師在書中以六大麵糰為主軸，設計了一系列的吐司作品。
有綿密濃郁、有香氣奔放、有尾韻十足、有清新淡雅，即使過了數年過後這些麵包的味蕾記憶，依然可以跟隨著你們。

沒有任何烘焙基礎的同學們，請不用擔心，本書設計以直接法、湯種法、中種法、液種法、老麵法、天然酵母種，讓大家輕鬆學習，認識麵包更多的可能性，也希望每一位同學能夠從這本中找到屬於自己幸福的味道。

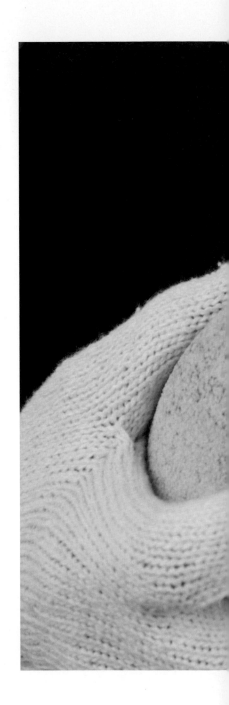

麵包製作入門
基本材料介紹

〈 麵粉 〉

麵粉是製作麵包最重要的材料。根據蛋白質含量的高低，分為高筋、中筋和低筋，筋性越高的麵粉吸水率越高，混和麵糰時，可以稍微存留一些水量，依據麵糰濕黏的狀況略微增添或減少。本書所採用的為高筋麵粉。

〈 即發酵母 〉

即發酵母在使用上最為便利，新鮮的即發酵母必須冷藏保存。酵母的作用是讓麵糊產生氣體，使麵包蓬鬆。酵母與糖一旦接觸即開始活動，製作時建議讓即發酵母先與麵粉混合，避免過早與糖、鹽碰觸。

〈 糖 〉

糖是柔性的材料，有助於麵糰的發酵，可以增加甜味，也左右麵包烘烤出來的色澤。一般西點及麵包多用細砂糖，與麵糰攪拌時容易溶解，能吸附較多油脂，產生均勻的氣孔組織。

〈 無鹽奶油 〉

油的多寡決定麵糊的柔軟度及延展性，使麵包的口感更香醇。無鹽奶油可提高麵包的口感及香味，烘焙效果較佳。若使用有鹽奶油，要降低配方中的鹽量，以免影響發酵時間及口感。

〈 鹽 〉

在含糖量高的配方中，加一點點鹽巴可以減緩甜膩的口感。用量雖少，但能使發酵的過程更加穩定，也能增加麵包的風味、同時強化麵糰的筋度。本書採用岩鹽，除了增加風味外，也因為顏色容易辨識，避免漏加。

〈 奶粉 〉

用來增加麵包風味、營養和吸水性，全脂奶粉和脫脂奶粉皆可使用。

〈 蛋液 〉

雞蛋為天然的乳化劑，除了增加麵包色澤、香氣和風味外，更可以將麵包中不同的材料融合在一起，產生柔軟高雅的風味。

〈 水 〉

水在麵包的製作中所占的比例很高，而水的硬度也左右了麵包的品質，軟水和鹼性水都不適合，建議使用中硬水（碳酸鹽硬度約 230-339ppm）為最佳。

使用到的食材

〈 香草濃縮醬 〉

〈 白美娜 〉

白美娜濃縮鮮乳，
是目前市面上唯
一百分之一百的新
鮮生乳濃縮製成的
濃縮牛乳。

〈 黑糖粉 〉

〈 珍珠糖 〉

〈 新鮮大蒜 〉

〈 乳酪丁 〉

〈 1/8 核桃 〉

〈 蔓越莓 〉

〈 葡萄乾 〉

〈 南瓜子 〉

〈 橙皮與蜂蜜 〉

〈 杏桃與蜂蜜 〉

使用器材介紹

在製作麵包時，會需要一些器材，讓製作過程變得更為簡單又方便。

〈 不鏽鋼攪拌鋼盆 〉

〈 長柄刮刀 〉

〈 擀麵棍 〉

〈 塑製切割板 〉

〈 量杯 〉

〈 吐司模具 〉
本書使用 12 兩、24 兩、SN2151 等三種模具。

〈 擠花頭 〉

六大麵糰說明

麵包發酵的方式有很多種，做出來的麵包口感、風味及類型也大不相同。本書囊括了六大種麵糰。

湯種不會出筋，外觀跟其他麵糰不同。

〈 湯種法麵糰 〉

特色：用熱水沖麵粉，使之糊化後再以冷藏低溫熟成，其保濕性較液種法更佳，不但化口性佳，甜度也會更高，因為這種操作方式會將澱粉完全水解成葡萄糖。缺點是，麵粉在燙過之後，會失去本身風味，香氣較弱，建議搭配風味較強的配料。此外也要注意避免攪拌過度造成斷筋狀態。是最容易製作失敗的一款麵糰。

直接法做成的吐司口感Q彈。

〈 直接法麵糰 〉

特色：直接法是非常方便的操作方式，可以直接呈現出食材的風味，操作時間較短，做成的吐司口感Q彈。攪拌時間較長，發酵時間較短，使用的酵母也要稍微多一點，本身的麵粉熟成率稍差。缺點除了要避免過度發酵外，在烘烤時也要多一個翻面的步驟，適合製成鮮奶吐司、蜂蜜吐司等。

〈 液種麵糰 〉

特色：含水量較高，液種本身會冷藏在冰箱中做長時間的低溫發酵，相當於麵糰中有三分之一的量是跟水分完全水解，故吸水力及保濕性非常好，烘焙的彈性也足夠，吐司在呈現上香氣十足，會有淡淡麥香，質地細緻、口感佳！缺點是準備時間較久，需要前一天準備（但當天操作較快）。一般來說，液種法不適合做高糖吐司，適合做原味吐司。

〈 老麵麵糰 〉

特色：老麵麵糰需經過冷藏低溫發酵一晚，完整發酵的乳酸菌香氣十足，會散發出類似葡萄酒的高雅香氣，所製作出來的吐司口感細緻且組織綿密，但也要避免過度發酵造成刺鼻的發酸。適合搭配做成三明治或各式厚片吐司。

〈 中種法麵糰 〉

特色：中種法麵糰在室溫下要發酵好幾個小時，會呈現蓬鬆感以及體積大。由於長時間發酵，造成吐司的抗老化性強，保存時間稍長。製作出的吐司口感綿密，氣味稍弱，建議搭配火腿吐司、乳酪吐司等烘焙彈性較強的鹹吐司。

〈 天然酵母麵糰 〉

特色：由白神小玉天然酵母所製成的吐司，在發酵過程中產氣溫合，所製成的吐司健康好吃，口感優雅甘甜，咀嚼過程中還會回甘，並帶有淡淡果香及海藻糖的風味。操作時間短，效果卻奇佳，缺點是價格較高。

Let's bake

日式湯種舒芙蕾吐司

技法
湯種法

特色
由呂昇達老師所獨創的人氣冠軍配方。

預估製作時間

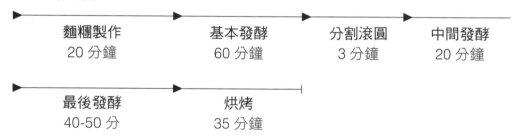

| 麵糰製作 | 基本發酵 | 分割滾圓 | 中間發酵 |
| 20 分鐘 | 60 分鐘 | 3 分鐘 | 20 分鐘 |

| 最後發酵 | 烘烤 |
| 40-50 分 | 35 分鐘 |

湯種（ゆだね）在日文中意味溫熱的麵種。湯的意思是開水、熱水的意思。湯種法麵包，運用燙麵的原理將麵糰用沸水燙熟後。澱粉糊化，充分讓澱粉酶發揮作用，產生麥芽糖，自發自然甘甜，也更好吸收水分，讓麵包可以更柔軟有彈性，保水性，可以嘗到天然小麥的香甜味！

材料	分量 12 兩 4 條
高筋麵粉	1000g
溫水	330g
玫瑰鹽	15g
即發酵母	10g
砂糖	100g
煉乳	100g
動物性鮮奶油	50g
鮮奶	300g
全蛋液	50g
發酵奶油	80g

01 將過篩的高筋麵粉放入鋼盆。

02 將溫水加入鋼盆。水溫需控制在攝氏 45-50 度間。

03 用長刮刀稍微攪拌。

04 加入玫瑰鹽。

05 依序加入酵母及砂糖。

注意 加入酵母時，不要直接灑在鹽上，避免直接接觸。

06 材料都加入後，以長刮刀稍微攪拌均勻。

07 依序加入濕性材料。

加入煉乳、鮮奶油、鮮奶、全蛋液。

08 濕性材料加入後，以低速攪拌 3 分鐘。

09 3 分鐘後停下來觀察，材料是否均勻混和。麵糰呈現濕黏狀態。

10 以中速攪拌 6-8 分鐘。

11 一邊攪拌也要適時刮缸，讓麵糰充分攪拌。

12 當麵糰攪拌至光滑時，即可停機判斷麵糰狀態。

13 當麵糰可呈現完整光滑、並可拉出薄膜時，即可加入奶油，再以低速攪拌 3 分鐘。

當奶油吸收進麵糰後，轉中速攪拌 3 分鐘。

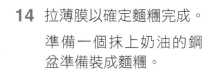別忘了再次刮缸，讓麵糰質地均勻融合。

14 拉薄膜以確定麵糰完成。

準備一個抹上奶油的鋼盆準備裝成麵糰。

15 滾圓，從麵糰左右側，由上往下並集中收入麵糰。

再從麵糰前側收入麵糰，來回數次，使麵糰表面光滑。

完成，準備發酵。

16 發酵前後的大小差異。

17 檢查一下麵糰彈性。

將麵糰分切成 500g，滾圓後置於烤盤上，蓋上塑膠袋避免風乾，室溫發酵 20 分鐘。

注意 若麵糰有多餘氣泡用手拍除。

18 將麵糰取出置於桌面。

擀麵棍從中間下擀，先往前，再往後擀。

19 將麵糰翻面。

用刮刀切三刀。

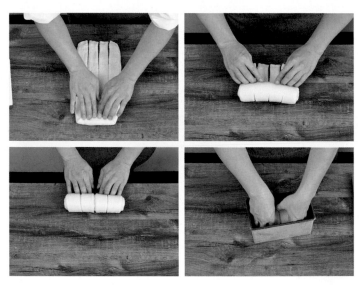

20 將麵糰從前端捲回來。

置於 12 兩鐵盒中，進行
最後發酵。放進發酵箱
前表面要噴水。

21 比較發酵前後的大小。

22 麵糰最高處與蓋頂距離大約 2 公分時，即可準備烘烤。

進烤箱前麵糰表面先噴水。

上火 160 度／下火 220度，先烤 25 分鐘，轉方向再烤 10 分鐘。

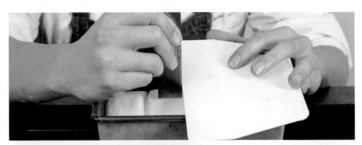

注意▶最後發酵時間為 40-50 分鐘，若麵糰高度已到達，即可直接進行烘烤。

延伸作法

卡士達厚片

呂昇達老師極愛這款日式湯種舒芙蕾吐司，特別提供他個人最愛的吃法「卡士達厚片」。呂老師表示，這樣吃最能品嘗日式湯種舒芙蕾吐司的原味，亦能展現卡士達的美味，同時大大滿足麵包胃和甜點胃。

材料

日式湯種舒芙蕾吐司　　　　　香草卡士達醬 [作法見 P.227]

01　將麵包切成 2 公分大小的厚片。

02　切片後將吐司冷凍 10-15 分鐘，避免塗抹抹醬時傷害麵包柔軟表面。

　　依照個人喜好抹上卡士達醬。

03　準備一個撒上糖粉的平盤，將厚片均勻沾上糖粉後，即可進行烘烤。

　　上火 230 度／下火 230 度，烤 8 分鐘。

完成！

湯種法麵糰製作方法

湯種吐司麵糰

特色
讓中、日式麵包柔軟的祕密。

預估製作時間

低溫發酵	麵糰製作
12 至 18 小時	15 分鐘

搭配製作
乳酪吐司 p.030、亞麻子吐司 p.036、芝麻吐司 p.042、核桃吐司 p.048

「湯」的意思是開水、熱水的意思。湯種法麵包，運用燙麵的原理將麵糰用沸水燙熟後。澱粉糊化，充分讓澱粉酶發揮作用，自發自然甘甜，也更好吸收水分，讓麵包可以更柔軟有彈性，保水性，可以嘗到天然小麥的香甜味！本書示範的四款柔軟的低糖吐司，建議搭配乳酪丁、亞麻子、黑芝麻、核桃等配料，更能帶出麵粉的甜度。

湯種吐司麵糰

湯種材料		主麵糰材料	
高筋麵粉	150g	高筋麵粉	850g
熱水	240g	鮮奶	150g
		動物性鮮奶油	50g
		水	400g
		砂糖	50g
		鹽	20g
		即發酵母	10g
		無鹽奶油	70g

湯種吐司線上看

01 將沸騰的熱水沖入鋼盆後，用中速攪拌 3 分鐘。

02 用長刮刀刮缸，均勻攪拌麵糰。在麵糰逐漸攪拌均勻，繼續攪拌。

03 麵糰打到這樣的狀態即可取出。

注意 湯種不會出筋，跟一般打麵糰不一樣，麵糰完成溫度約為攝氏 65 度。

04 觀察湯種的 Q 度是否足夠。

05 準備一個鋪上保鮮膜的平盤，將湯種鋪平。

06 用保鮮膜封好，冷藏熟成 12 至 18 小時再做使用（不要超過20小時）。

07 使用前要退冰至 16-20 度，此時麵筋會接近麻糬的質感。

08 將過篩的高筋麵粉及玫瑰鹽放入鋼盆，加入即發酵母後用長刮刀稍微攪拌。

注意 鹽要避開酵母。

09 依序加入動物性鮮奶油、水，以及前一晚製作的全部湯種。

10 以低速攪拌 3 分鐘。

注意 此麵糰水分較多，會有黏稠感，繼續攪拌不用額外加粉。

11 3 分鐘後停下來觀察材料是否均勻混和，接著再以中速攪拌 6 分鐘。

失去筋性的湯種麵糰。

注意 湯種麵糰若過度攪拌容易斷筋，要隨時觀察麵糰狀態。湯種麵糰是所有麵糰中最容易失敗的一個麵糰，攪拌不足可以多打，但攪拌過度就沒救了。

12 當麵糰可呈現完整光滑、並可拉出薄膜時，即可加入已軟化的奶油。

13 加入奶油後，以低速攪拌 3 分鐘。適時刮缸，讓麵糰質地均勻融合。

14 當奶油吸收進麵糰後，再以中速攪拌 3 分鐘。

15 拉薄膜以確定麵糰狀態。

乳 酪 吐 司

技法｜湯種法

採用高熔點熟成起司丁，耐高溫烘烤方便好操作，起司風味十足、口感 Q 軟有彈性。濃縮了牛乳的營養高鈣，適合兒童、老人及孕婦，可輕鬆補足鈣質。烘烤前所放置的乳酪絲，在高溫烘烤後更增添了不同乳酪香氣的風味口感。

材料		分量
湯種吐司麵糰	1000g	12 兩吐司 *2 條
高溫乳酪丁	160g	[步驟 1-15，同「湯種吐司麵糰」，見 P.026]

預估製作時間

麵糰製作	基本發酵	整形	中間發酵
20 分鐘	60 分鐘	3 分鐘	20 分鐘

最後發酵	烘烤
50 分	35 分鐘

16 準備一個抹上奶油的鋼盆準備裝盛滾圓完成的麵糰。

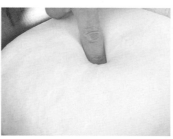

17 發酵後的麵糰，並用手指按壓判斷麵糰彈性。

18 麵糰分切，每份 480g。

19 先拍一拍，再進行滾圓。

20 蓋上塑膠袋，中間發酵 20 分鐘。

21 比較發酵前後麵糰的差異。

22 從麵糰中間下棍，先往下再往上，把麵糰擀開。

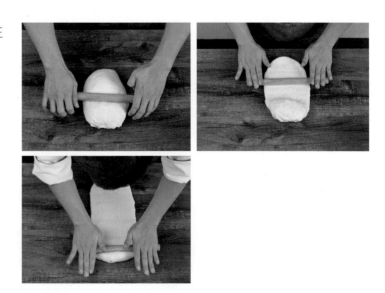

23 將麵糰翻面,均勻鋪上80g 乳酪丁,麵糰上下 3 公分不要鋪。

24 從上而下將麵糰捲起。

25 一個模型裝一個麵糰,準備最後發酵。

26 比較發酵前後的變化。

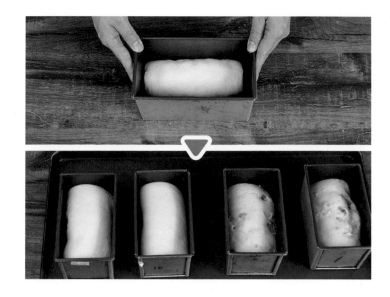

27 發酵到 6 分滿，即可在
麵糰表面噴水後，撒上
20g 乳酪絲，即可進行
烘烤。

上火 180 度／下火 230
度，烤 35 分鐘。

完成！

亞麻子吐司

技法｜湯種法

亞麻子（Flaxseeds）是歷史上最古老的作物之一，自人類文明發展以來就開始被栽種。別小看帶點堅果味的小種子，他富含 omega-3、膳食纖維、木酚素及酚類化合物，除了被譽為超級食物外，更具有調節新陳代謝，改善慢性疾病等潛在功效。

材料		分量	
湯種吐司麵糰	1000g	12 兩吐司 *2 條	
亞麻子	60g	[步驟 1-15，同「湯種吐司麵糰」，見 P.026]	
酥波蘿	20g		
[作法見 P.226]			

預估製作時間

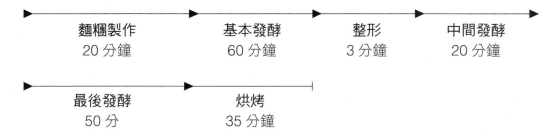

麵糰製作	基本發酵	整形	中間發酵
20 分鐘	60 分鐘	3 分鐘	20 分鐘

最後發酵	烘烤
50 分	35 分鐘

16 將亞麻子加入麵糰，以低速攪拌 1 分鐘，讓材料充分攪拌。

17 準備一個抹上奶油的鋼盆。

18 滾圓完成，準備發酵。

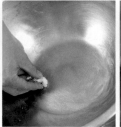

19 發酵後的麵糰，並用手指按壓判斷麵糰彈性。

20 麵糰分切，每份 530g。

21 先拍一拍，再進行滾圓。

22 蓋上塑膠袋，中間發酵 20 分。

23 比較發酵前後麵糰的差異。

24 再從麵糰中間下棍,先往下再往上,把麵糰輕柔擀開。

25 將麵糰翻面，從上而下
　 將麵糰捲起。

26 一個模型裝一個麵糰，
　 準備最後發酵。

27 發酵前後的變化。

28 發酵到 7 分滿，在麵糰表面灑上水，可依照個人喜好撒上酥波蘿，即可進行烘烤。

上火 180 度／下火 230 度，烤 35 分鐘。

完成！

芝 麻 吐 司

技法｜湯種法

醫學研究指出，黑芝麻可強化血管保護心臟、助消化、防止頭髮脫落變白等作用。黑芝麻的含鈣量高，不但是各類食物中的佼佼者，更適合當作日常補鈣、預防骨質流失和骨質疏鬆的食材。經過高溫烘烤營養不但不流失，還能釋放特殊香氣，作為吐司餡料再適合不過。

材料		分量
湯種吐司麵糰	1000g	12 兩吐司 *2 條
黑芝麻	60g	[步驟 1-15，同「湯種吐司麵糰」，見 P.026]

預估製作時間

麵糰製作　　　　　基本發酵　　　　整形　　　　中間發酵
20 分鐘　　　　　　60 分鐘　　　　3 分鐘　　　　20 分鐘

最後發酵　　　　　烘烤
50 分　　　　　　35 分鐘

16 將黑芝麻加入麵糰，以低速攪拌 1 分鐘，讓材料充分攪拌。

17 準備一個抹上奶油的鋼盆。

18 滾圓完成，準備發酵。

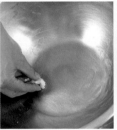

19 發酵後的麵糰，並用手指按壓判斷麵糰彈性。

20 麵糰分切，每份 530g。

21 先拍一拍，再進行滾圓。

22 蓋上塑膠袋，中間發酵 20 分。

23 比較發酵前後麵糰的差異。

24 再從麵糰中間下棍，先往下再往上，把麵糰輕柔擀開。

25 將麵糰翻面，從上而下將麵糰捲起。

26 一個模型裝一個麵糰，準備最後發酵。

27 發酵前後的變化。

28 發酵到 7 分滿，在麵糰表面灑上水，即可進行烘烤。

上火 180 度／下火 230 度，烤 35 分鐘。

完成！

核桃吐司

技法｜湯種法

核桃補腦，富含抗氧化物質，能促進人體發育、增強免疫功能，並有提高中樞神經組織功能的作用。富含卵磷脂能增強大腦活力、增強記憶力並提高學習工作效率。根據研究指出，能修復受損傷的腦細胞，預防失智症發生。

材料		分量	
湯種吐司麵糰	1000g	12 兩吐司 *2 條	
核桃	60g	[步驟 1-15，同「湯種吐司麵糰」，見 P.026]	

預估製作時間

麵糰製作	基本發酵	整形	中間發酵
20 分鐘	60 分鐘	3 分鐘	20 分鐘

最後發酵	烘烤
50 分	35 分鐘

16 將核桃加入麵糰，以低速攪拌 1 分鐘，讓材料充分攪拌。

17 準備一個抹上奶油的鋼盆。

18 滾圓完成，準備發酵。

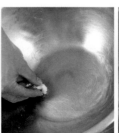

25 將麵糰翻面，從上而下
將麵糰捲起。

26 一個模型裝一個麵糰，
準備最後發酵。

27 發酵前後的變化。

28 發酵到 7 分滿，在表面
灑上水後，即可進行烘
烤。

上火 180 度／下火 230
度，烤 35 分鐘。

完成！

直接法雞蛋吐司麵糰製作方法

 雞蛋吐司

特色
質地 Q 彈，適合作為早餐吐司。

預估製作時間

►├────────────────────────────┤

麵糰製作
20 分鐘

搭配製作
蜜紅豆吐司 p.060、墨西哥黑糖奶酥吐司 p.068、核桃雞蛋吐司 p.072、
奶油巴布羅吐司 p.080

直接法是非常方便的操作方式，可以直接呈現出食材的風味，操作時間
較短，做成的吐司口感 Q 彈。攪拌時間較長，發酵時間較短，使用的酵
母也要稍微多一點，本身的麵粉熟成率稍差，也要注意避免過度發酵。

直接法雞蛋吐司麵糰

材料

高筋麵粉	1000g	水	550g
奶粉	40g	動物性鮮奶油	50g
砂糖	150g	全蛋液	100g
玫瑰鹽	15g	無鹽奶油	80g
即發酵母	12g		

01 將過篩的高筋麵粉、奶粉、砂糖、玫瑰鹽放入鋼盆。

02 加入即發酵母後，用長刮刀稍微攪拌。

03 依序加入水、鮮奶油以及全蛋液。

04 以低速攪拌 3 分鐘。

05 3 分鐘後停下來觀察，材料是否均勻混和，麵糰呈現濕黏狀態。

06 再以中速攪拌 8 分鐘。

07 攪拌時萬一麵糰上鉤，適時刮除讓麵糰充分攪拌。

08 麵糰已經逐漸光滑。

09 當麵糰可呈現完整光滑、並可拉出薄膜時，即可加入奶油。

10 準備加入已軟化的奶油。

11 加入奶油後,以低速攪拌 3 分鐘。

12 當奶油吸收進麵糰後,再以中速攪拌 3 分鐘。

13 刮缸,讓麵糰質地均勻融合。

14 拉薄膜以確定麵糰狀態。

注意 打好的麵糰是有溫度的,約為攝氏 28 度。

蜜 紅 豆 吐 司

技法｜直接法

紅豆屬高蛋白質、低脂肪的高營養穀類，使人氣色紅潤，更有補血、促進血液循環、增強抵抗力等功效。在操作吐司上，老師建議可以直接購買市售的蜜紅豆，除了軟硬適中，也方便衛生，搭配直接法可直接呈現出 Q 彈鬆軟的口感。

材料

材料	
高筋麵粉	1000g
奶粉	40g
砂糖	150g
玫瑰鹽	15g
即發酵母	12g
水	550g
動物性鮮奶油	50g
全蛋液	100g
無鹽奶油	80g
蜜紅豆	500g
酥波蘿	25g
[作法見 P.226]	

分量

12 兩吐司 *4 條

[步驟 1-14，同「直接法雞蛋吐司麵糰」，見 P.056]

預估製作時間

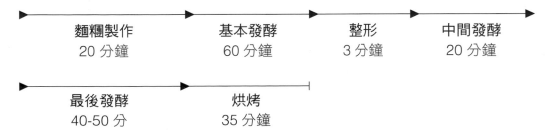

麵糰製作	基本發酵	整形	中間發酵
20 分鐘	60 分鐘	3 分鐘	20 分鐘

最後發酵	烘烤
40-50 分	35 分鐘

15 加入蜜紅豆後，以低速攪拌1分鐘，讓材料充分攪拌。

注意 蜜紅豆質地柔軟，要將麵糰撕開再攪拌，以確保麵糰與蜜紅豆充分攪拌。

16 準備一個抹上奶油的鋼盆準備裝盛麵糰。

17 確認餡料是否充分攪拌。

18 先用指腹壓一壓，讓紅豆與麵糰充分沾黏。

19 從兩側將麵糰捧起，再將麵糰放下。接著由上而下往麵糰中心折，再壓一壓，來回數次。

20 將麵糰周圍往內收，使之平整，即可準備發酵。

21 比較發酵前後的大小。

22 手指按壓判斷麵糰彈性。

23 將麵糰分切，每份 280g。

24 先將麵糰整理出光滑面
再進行滾圓。

25 蓋上塑膠袋，進行中間
發酵 20-30 分鐘。

26 取出麵糰，將鼓起手掌，
　　用空掌拍拍麵糰。

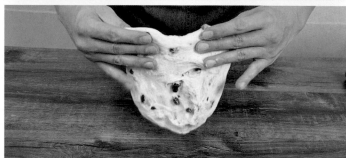

27 將麵糰翻面後，從上而
　　下，往下折兩折。

28 先將麵糰翻轉 90 度。從麵糰中間下擀，先往下再往上，把麵糰擀開。

29 再次翻面，此時麵糰長度約為 30 公分。

30 公分

30 由上而下將麵糰捲起來。

31 一個模型裝兩個麵糰，準備
最後發酵。

32 發酵到 9 分滿（麵糰最高點離蓋頂約 1 公分）即可進行烘烤。

33 在麵糰表面灑上水後，再撒上 25g 酥波蘿，即可進行烘烤。

上火 160 度／下火 210 度，烤 35 分鐘。

完成！

墨 西 哥 黑 糖 奶 酥 吐 司

技法｜直接法

一般市售的墨西哥包，類似西班牙一種名為 Concha 的麵包，墨西哥曾被西班牙統治，後因由一位香港人融合了菠蘿麵包的作法，創造出墨西哥麵包。這款吐司是以前一款蜜紅豆吐司加入黑糖墨西哥餡，創造出更有層次的風味口感。只要簡單的材料，你也可以在家裡做出好吃的墨西哥餡。

材料

高筋麵粉	1000g
奶粉	40g
砂糖	150g
玫瑰鹽	15g
即發酵母	12g
水	550g
動物性鮮奶油	50g
全蛋液	100g
無鹽奶油	80g
蜜紅豆	500g
黑糖墨西哥餡	40g
[作法見 P.232]	

分量

SN2151 小吐司盒 *10 條

[步驟 1-14，同「直接法雞蛋吐司麵糰」，
　見 P.056]
[步驟 15-22，同「蜜紅豆吐司」，見 P.060]

預估製作時間

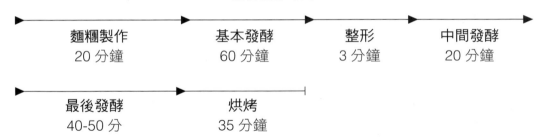

麵糰製作	基本發酵	整形	中間發酵
20 分鐘	60 分鐘	3 分鐘	20 分鐘

最後發酵	烘烤
40-50 分	35 分鐘

核 桃 雞 蛋 吐 司

技法｜直接法

核桃補腦，富含抗氧化物質，能促進人體發育、增強免疫功能，並有提高中樞神經組織功能的作用。核桃仁在取出的過程中勢必會有些破損，依據破損的程度分類有 1/4 、1/8 、1/16 的規格。1/16 因為太過於細碎，一般用來製作核桃醬。1/8 和 1/4 則常用於烘焙或直接加入料理食用。

材料	
高筋麵粉	1000g
奶粉	40g
砂糖	150g
玫瑰鹽	15g
即發酵母	12g
水	550g
動物性鮮奶油	50g
全蛋液	100g
無鹽奶油	80g
1/8 核桃	500g

分量

12 兩吐司 *4 條

[步驟 1-14，同「直接法雞蛋吐司麵糰」，
見 P.056]

預估製作時間

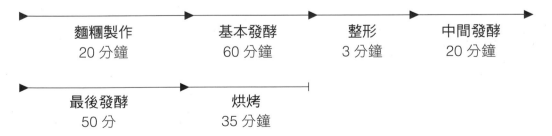

麵糰製作	基本發酵	整形	中間發酵
20 分鐘	60 分鐘	3 分鐘	20 分鐘

最後發酵	烘烤
50 分	35 分鐘

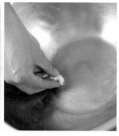

15 加入核桃後，以低速攪拌 1 分鐘，讓材料充分攪拌。

16 準備一個抹上奶油的鋼盆準備裝盛麵糰。

17 確認材料是否充分攪拌。

18 先用指腹壓一壓，讓核桃與麵糰充分沾黏。

19 從兩側將麵糰捧起，再將麵糰放下。接著由上而下往麵糰中心折，再壓一壓，來回數次。

20 將麵糰周圍往內收，使之平整，即可準備發酵。

21 比較發酵前後的大小。

22 手指按壓判斷麵糰彈性。

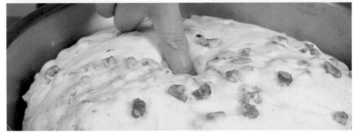

23 將麵糰分切，每份 280g。

24 滾圓，讓麵糰表面盡量不要有核桃露出。

25 蓋上塑膠袋，進行常溫發酵 30 分鐘。

26 12 兩模型先噴烤盤油，或塗抹奶油替代。

注意 ▸ 為了讓吐司烤起來光亮，故會先上點油。

27　擀麵棍從中間下擀，先
　　往下擀，再往上擀。

28　拿起麵糰，轉 90 度，然
　　後翻面。

29 將麵糰從上往下折四折。

30 麵糰約與模型等寬，直接置入模型中。

31 一個模型放入兩個 280g 麵糰，進行最後發酵。

32 麵糰高度發酵到跟模型一樣高就可以進行烘烤，進烤爐前先在麵糰表面灑水。

上火 160 度／下火 210 度，烤 35 分鐘。

完成！

奶油巴布羅吐司

技法｜直接法

這款吐司是以核桃雞蛋吐司作為基底，擠上香草墨西哥餡，就成為了奶油巴布羅吐司，豐富的奶油及奶香，也創造出更有層次的風味口感。有時候經過麵包店聞到令人難以抗拒的邪惡香氣，有八成都是這個餡來惹的禍。

材料

高筋麵粉	1000g
奶粉	40g
砂糖	150g
玫瑰鹽	15g
即發酵母	12g
水	550g
動物性鮮奶油	50g
全蛋液	100g
無鹽奶油	80g
1/8 核桃	500g
巴布羅餡	25g
[即為「香草墨西哥餡」 作法見 P.230]	
防潮糖粉	適量

分量

SN2151*8 條

[步驟 1-14，同「直接法雞蛋吐司麵糰」，見 P.056]

[步驟 15-22，同「核桃雞蛋吐司」，見 P.072]

預估製作時間

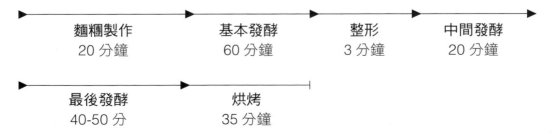

麵糰製作	基本發酵	整形	中間發酵
20 分鐘	60 分鐘	3 分鐘	20 分鐘

最後發酵	烘烤
40-50 分	35 分鐘

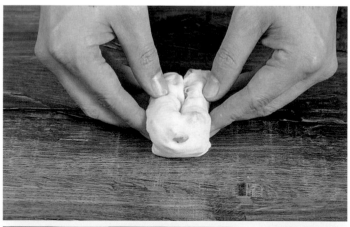

28 對折成 U 字形，一正一反置於模型盒中，每盒 4 個麵糰。

29 進行最後發酵。

特別說明 核桃本身有重量，若採取他種整形法，在製作過程中會因核桃的重量會讓吐司的膨脹力下降，進而影響整體的美觀及口感，故採用此整形法。

30 用剪刀，將 U 字形麵糰剪開。

注意 這個步驟是減緩麵糰在發酵時的拉扯，讓麵糰在發酵過程中，發得更均勻。

31 沿著麵糰的接縫處擠上巴布羅餡 25g 後，即可進行烘烤。

上火 160 度／下火 210 度，烤 25-30 分鐘。

32 出爐後撒上防潮糖粉，即完成。

完成！

直接法鮮奶吐司製作方法

 直接法鮮奶吐司

特色
口感鬆軟，並充滿奶油香氣。

預估製作時間

麵糰製作	基本發酵	整形
20 分鐘	60 分鐘	3 分鐘

中間發酵	最後發酵	烘烤
20 分鐘	40-50 分	35 分鐘

搭配製作
波蘿吐司 p.098、南瓜子芋頭吐司 p.102、卡士達布丁吐司 p.108、
蜜紅豆鮮奶吐司 p.112

直接法是非常方便的操作方式，可以直接呈現出食材的風味，操作時間
較短，做成的吐司口感 Q 彈。攪拌時間較長，發酵時間較短，使用的酵
母也要稍微多一點，本身的麵粉熟成率稍差，也要注意避免過度發酵。
本款吐司不加水，除了營養價值高，每一口吐司咀嚼時都可以充滿奶油
香氣。

直接法鮮奶吐司麵糰

材料

高筋麵粉	1000g	鮮奶	700g
砂糖	150g	動物性鮮奶油	100g
玫瑰鹽	20g	全蛋液	100g
即發酵母	12g	無鹽奶油	100g

01 將過篩的高筋麵粉、砂糖、玫瑰鹽放入鋼盆。

02 加入即發酵母後，用長刮刀稍微攪拌。

03 依序加入鮮奶、鮮奶油以及全蛋液。

04 以低速攪拌 3 分鐘。

05 3 分鐘後停下來觀察，材料是否均勻混和，此麵糰含水量高，將呈現高度濕黏狀態。

06 再以中速攪拌 8 分鐘。

07 由於麵糰濕黏，攪拌過程中需不時刮缸，讓麵糰充分攪拌。

注意 此濕黏狀態為正常，麵糰在攪拌過程中會逐漸收縮，不需要額外添加麵粉。

08 麵糰已經逐漸光滑。

09 當麵糰可呈現完整光滑、並可拉出薄膜時，即可加入奶油。

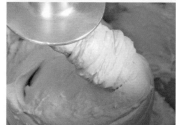 

10 準備加入已軟化的奶油。

11 加入奶油後，以低速攪拌 3 分鐘。

12 當奶油吸收進麵糰後，再以中速攪拌 3 分鐘。

13 刮缸，讓麵糰質地均勻融合。

14 奶油與麵糰已充分融合。

15 拉薄膜以確定麵糰狀態。

注意 ▶ 打好的麵糰約為攝氏 26-27 度。

16 準備一個平盤準備整形。

注意 發酵過程中要翻面，故以平盤整形及發酵。

17 整形。

　　A. 抓住麵糰底部，朝前對折翻。

　　B. 將麵糰轉 90 度。

　　C. 再次抓住麵糰底部，往前折 1/3。

　　D. 再往前折 1/3。

　　E. 將麵糰周圍收整，成為表面光滑、挺立的麵糰。

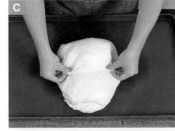

18 發酵前後大小差異。

19 將麵糰翻面後，輕拍排氣。

20 從麵糰一側折入 1/3，再從另一側折回 1/3。

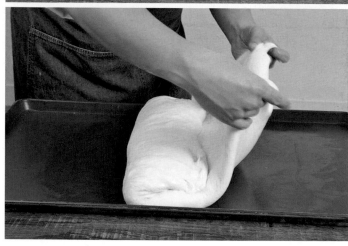

21 從下方往上折 1/3。

22 同方向再往上折 1/3。

23 將麵糰周圍收整齊,上
述步驟是為了做出挺立
的麵糰。完成後蓋上塑
膠袋,室溫發酵30分鐘。

24 比較發酵前後的大小。

25 用手指按壓測試回彈。

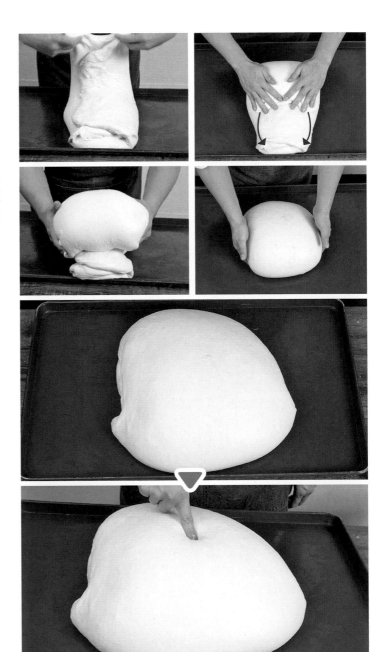

33 將麵糰放在桌上，前後
來回微推三下。

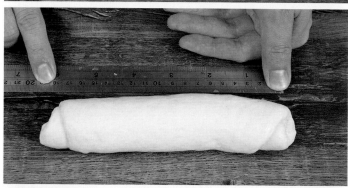

34 完成後的麵糰長度為
18-20 公分。

注意 ▶不得小於 18 公分

35 將麵糰折成 U 字形，正
反交錯置於模型中，一
個模型放入 5 個麵糰。

特別說明 ▶由於麵糰柔軟，故
採用此整型方式以避免過度
損害麵筋。U 字形的入模方
式，會讓麵糰有充足的膨脹
空間，避免過度緊繃，才能
做出組織鬆軟的好吃麵包。

36 準備進行最後發酵。

37 灑上水後，蓋上蓋子即可
進行烘烤。

上火 210 度／下火 210 度，
烤 40 分鐘。

波蘿吐司

技法 ｜ 直接法

好吃的波蘿皮其實一點都不難，跟著步驟一步一步完成，你也可以在家做出簡單又好吃的波蘿麵包。做出來的奶香波蘿皮用途廣泛，不只可用在吐司上，運用在其他麵包麵糰上也是又香又好吃！

材料

高筋麵粉	1000g
砂糖	150g
玫瑰鹽	20g
即發酵母	12g
鮮奶	700g
動物性鮮奶油	100g
全蛋液	100g
無鹽奶油	100g
奶香波蘿餡	140g

[奶香波蘿餡作法請參考 p.223]

分量

12 兩 *4 條

[步驟 1-26，同「直接法鮮奶吐司」，見 P.088]

預估製作時間

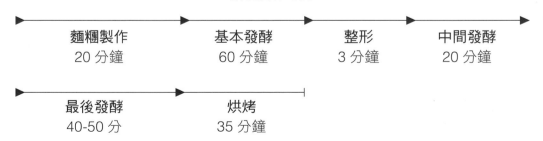

麵糰製作	基本發酵	整形	中間發酵
20 分鐘	60 分鐘	3 分鐘	20 分鐘

最後發酵	烘烤
40-50 分	35 分鐘

27 將麵糰分割成 230g。

28 輕輕拍打麵糰後再滾圓。

29 先拍一拍,滾圓完成後,
蓋上塑膠袋,常溫發酵
20 分。

30 先把 70g 的波蘿滾圓。
將波蘿沾粉,手壓一下,
擀成跟麵糰差不多大小,
翻面蓋在麵糰上。

31 將麵糰倒過來放在掌心，接著把麵糰搓揉進波蘿中。

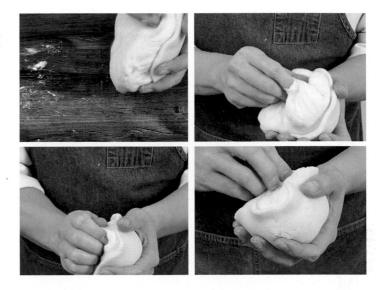

32 將麵糰稍微滾圓整理後，放入模型後準備發酵。

33 麵糰發酵高度要超過模型，撒上純糖粉後進行烘烤。

上火 160 度／下火 220 度，烤 35 分鐘。

完成！

南 瓜 子 芋 頭 吐 司

技法｜直接法

拜品種改良所賜，台灣一年四季都可以吃到品質優良、口感綿密的芋頭。你也可以選擇自己熬煮芋頭泥，但在吐司操作上，採用現成的芋頭泥不但省事方便、且品質穩定，搭配香氣十足的奶油巴布羅餡（即為「香草墨西哥餡」作法見 P.230）以及爽脆南瓜子，就是呂老師眼中完美的點心。

材料		內餡	
高筋麵粉	1000g	芋頭餡	60g
砂糖	150g	奶油巴布羅餡	40g
玫瑰鹽	20g		
即發酵母	12g	**分量**	
鮮奶	700g	SN2151*8 條	
動物性鮮奶油	100g		
全蛋液	100g	[步驟 1-26，同「直接法鮮奶吐司」，見	
無鹽奶油	100g	P.088]	
生南瓜子	適量		

預估製作時間

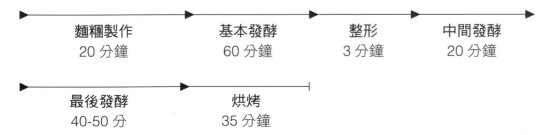

麵糰製作	基本發酵	整形	中間發酵
20 分鐘	60 分鐘	3 分鐘	20 分鐘

最後發酵	烘烤
40-50 分	35 分鐘

27 將麵糰分割成 200g

28 輕輕拍打麵糰後再滾圓。

29 先拍一拍，滾圓完成後，蓋上塑膠袋，常溫發酵 20 分。

30 噴點烤盤油，準備整形。

31 從中間下棍，上下把麵糰擀開。

32 翻面。

33 抹上 60g 芋頭餡，麵糰前後 3 公分不要抹餡料。

34 由上往下將麵糰捲起。

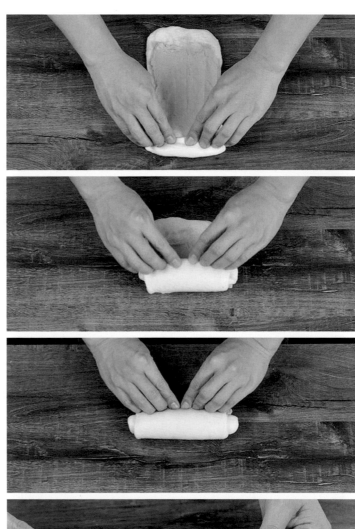

35 麵糰長度約為 18 公分。

卡士達鮮奶布丁吐司

技法｜直接法

香草卡士達布丁餡操作容易且用途廣泛，學起來實用又方便。本次是以 SN2151 尺寸操作，大小適中、口感甜而不膩，搭配茶或咖啡就是最完美的午后小點。

材料

高筋麵粉	1000g
砂糖	150g
玫瑰鹽	20g
即發酵母	12g
鮮奶	700g
動物性鮮奶油	100g
全蛋液	100g
無鹽奶油	100g
酥波蘿	25g

[作法見 P.226]

內餡

卡士達布丁餡	100g

[裝擠花袋，接 10 號花嘴頭]
[香草卡士達餡作法參考 P.227]

分量

SN2151*8 條

[步驟 1-26，同「直接法鮮奶吐司」，見 P.088]

預估製作時間

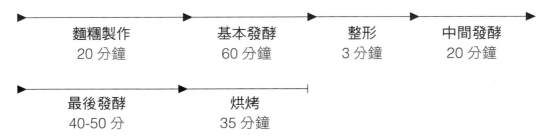

麵糰製作	基本發酵	整形	中間發酵
20 分鐘	60 分鐘	3 分鐘	20 分鐘

最後發酵	烘烤
40-50 分	35 分鐘

蜜紅豆鮮奶吐司

技法｜直接法

甜而不膩的蜜紅豆搭配酥波蘿一起烘烤，除了香氣逼人外，入口的層次多元令人意猶未盡。呂老師這次以小尺寸的甜吐司呈現，讓這款吐司化身為下午茶最佳良伴。

材料

高筋麵粉	1000g
砂糖	150g
玫瑰鹽	20g
即發酵母	12g
鮮奶	700g
動物性鮮奶油	100g
全蛋液	100g
無鹽奶油	100g
蜜紅豆	240g
酥波蘿	25g

[作法見 P.226]

分量

12 兩 *4 條

[步驟 1-26，同「直接法鮮奶吐司」，見
　P.088]

預估製作時間

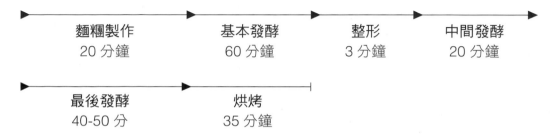

麵糰製作	基本發酵	整形	中間發酵
20 分鐘	60 分鐘	3 分鐘	20 分鐘

最後發酵	烘烤
40-50 分	35 分鐘

35 在麵糰表面灑點水。

36 撒上 25g 酥波蘿，盡量蓋住紅豆以避免烤焦。

完成！

37 麵糰中間的螺旋處要用手指按壓，並放上奶油丁，避免烘烤時過度膨脹，即可進行烘烤。

上火 160 度／下火 210度，烤 30-35 分鐘。

液種麵糰製作方法

日式生吐司

技法｜液種法

「生吐司」最早起源自 2013 年 10 月成立的日本大阪名店「乃が美」。生吐司最初的研發靈感來自於阪上雄司某次於老人安養中心，為了設計給長輩食用的麵包，因此訴求口感鬆軟，口感比一般吐司鬆軟濕潤，入口即充滿奶香。老師運用相同的概念，設計出更適合全家人一起食用的美味吐司。

材料	內餡
日式生吐司麵糰　1000g	24 兩吐司 *1 條 [步驟 1-20，同「日式生吐司麵糰」，見 P.120]

預估製作時間

攪拌主麵糰
20 分鐘
→
基本發酵
30-40 分鐘
→
整形
3 分鐘
→
中間發酵
20 分鐘
→
最後發酵
40-50 分
→
烘烤
35 分鐘

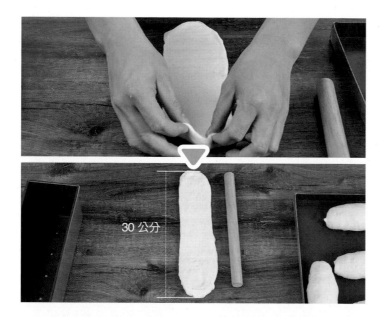

34 將麵糰翻面，此時麵糰
長度約為 30 公分。

30 公分

35 由上而下將麵糰捲起。

36 一個模型裝 5 個麵糰，
準備最後發酵。

37 發酵到 8 分滿，在麵糰
表面灑上水，即可進行
烘烤。

上火 180 度／下火 220
度，烤 40 分鐘。

完成！

酒釀葡萄吐司

技法｜液種法

酒釀葡萄作法簡單，搭配含水量高的液種麵糰，除了讓吐司本身的香氣、口感都更有層次之外，也讓吐司多了風情萬種的好滋味。

材料		內餡	
日式生吐司麵糰	900g	12 兩吐司 *2 條	
酒釀葡萄	200g	[步驟 1-20，同「日式生吐司麵糰」，見 P.120]	

酒釀葡萄作法

葡萄乾	200g
萊姆酒	20g

建議用深色的萊姆酒，風味較佳，將材料攪拌均勻，浸泡一晚。

預估製作時間

攪拌主麵糰	基本發酵	整形	中間發酵	最後發酵	烘烤
20 分鐘	30-40 分鐘	3 分鐘	20 分鐘	40-50 分	35 分鐘

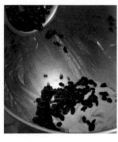 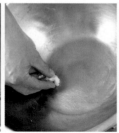 

21 將酒釀葡萄加入麵糰，以低速攪拌 1 分鐘，讓材料充分攪拌。

22 準備一個抹上奶油的鋼盆準備裝盛麵糰。

23 滾圓完成，準備發酵。

24 手指按壓判斷麵糰彈性。

25 麵糰分切，每份 180g，共 6 份。

26 先輕拍麵糰，再進行滾圓。

27 蓋上塑膠袋，常溫發酵 20 分。

28 用指腹輕壓麵糰。

29 將麵糰翻面。

30 從上而下，折兩折。

31 完成二次擀捲，蓋上塑
膠袋，靜置 10 分鐘。

注意 製作山峰吐司都會有二
次擀捲的步驟

32 靜置 10 分鐘後的狀態。

33 從中間下棍，將麵糰上下擀開。

34 將麵糰翻面，此時麵糰長度約為 30 公分。

35 由上而下將麵糰捲起。

36 一個模型裝 3 個麵糰，
　　準備最後發酵。

37 發酵到 8 分滿，在麵糰
　　表面灑上水，即可進行
　　烘烤。

　　上火 180 度／下火 220
　　度，烤 35 分鐘。

完成！

亞麻子蔓越莓吐司

技法｜液種法

亞麻子（Flaxseeds）是歷史上最古老的作物之一，自人類文明發展以來就開始被栽種。別小看帶點堅果味的小種子，它富含 omega-3、膳食纖維、木酚素及酚類化合物，除了被譽為超級食物外，更具有調節新陳代謝，改善慢性疾病等潛在功效。再配上酒釀蔓越莓，讓這日式生吐司的口感層次更多元，美味更高級。

材料	內餡
日式生吐司麵糰1000g	12 兩吐司 *2 條
亞麻子　　　　　60g	[步驟 1-20，同「日式生吐司麵糰」，見 P.120]

蔓越莓作法

蔓越莓乾	200g
君度橙酒	20g

將材料攪拌均勻，浸泡一晚。

預估製作時間

攪拌主麵糰	基本發酵	整形	中間發酵	最後發酵	烘烤
20 分鐘	30-40 分鐘	3 分鐘	20 分鐘	50 分	35 分鐘

33 靜置 10 分鐘後的狀態

34 從中間下棍，將麵糰上下擀開。

35 將麵糰翻面，此時麵糰長度約為 30 公分。

36 由上而下將麵糰捲起。

37 一個模型裝 3 個麵糰，
準備最後發酵。

38 發酵到 8 分滿，在麵糰
表面灑上水，即可進行
烘烤。

上火 180 度／下火 220
度，烤 35 分鐘。

完成！

蜜漬橙皮吐司

技法 | 液種法

橙皮集結了香橙所有的好滋味,有果實的甘甜、也有表皮的香氣,以蜜漬方式消除橘皮的苦澀,卻保留其菁華滋味。小尺寸吐司,吃巧不吃飽,讓你每一口都意猶未盡。

材料		分量	
日式生吐司麵糰	900g	sn2151 吐司 *4 條	
蜜漬橙皮	200g	[步驟 1-20,同「日式生吐司麵糰」,見 P.120]	

蜜漬橙皮作法

橙皮	200g
蜂蜜	20g

將材料攪拌均勻,浸泡一晚。

預估製作時間

▶ 攪拌主麵糰	▶ 基本發酵	▶ 整形	▶ 中間發酵	▶ 最後發酵	烘烤
20 分鐘	30-40 分鐘	3 分鐘	20 分鐘	10 分	30 分鐘

德式脆腸三明治

技法｜液種法

用液種法做出的吐司很適合用來做成三明治，本書將示範如何在家以容易取得
的食材，也能做出比咖啡店還要豪華的美味三明治！

材料

切片吐司	3片	德式脆腸	適量
起司片	2片	乳酪絲／布里起司	適量

01　將麵包切成 1.5 公分大小後，將吐司冷凍 10-15 分鐘，避免塗抹抹醬時傷害麵包柔軟表面。

注意　可觀察切片時桌面是否有掉屑，若有，代表該麵包稍微過度發酵。

02　每組三明治將使用 3 片吐司，依照個人喜好抹上香蒜醬，四周不用抹滿。

03　在其中 2 片土司上，鋪上一片乳酪片。

04　在其中 2 片土司上，鋪上適量的德式脆腸切片，不要交疊。在德式脆腸上鋪上稍許乳酪絲／布里起司，以增加沾黏度。

05　將兩片有料的吐司相疊。再蓋上沒鋪料的吐司，壓一壓。

06　撒上滿滿乳酪絲，即可進行烘烤。

上火 220 度／下火 220 度，烤 10 分鐘。

完成！

乳酪皇后三明治

技法｜液種法

用液種法做出的吐司很適合用來做成三明治，只要簡單幾個步驟，在家也能做出起司瀑布的豪華三明治！

材料

切片吐司	3 片	起司片	2 片
火腿片	2 片	乳酪絲	適量

01 將麵包切成 1.5 公分大小後，將吐司冷凍 10-15 分鐘，避免塗抹抹醬時傷害麵包柔軟表面。

注意▸可觀察切片時桌面是否有掉屑，若有，代表該麵包稍微過度發酵。

02 每組三明治將使用 3 片吐司，依照個人喜好抹上香蒜醬，四周不用抹滿。

03 在其中 2 片土司上，鋪上一片火腿，再放上一片乳酪片。

04 將兩片有料的吐司相疊，再蓋上沒鋪料的吐司。

05 撒上滿滿乳酪絲，即可進行烘烤。

上火 220 度／下火 220 度，烤 10 分鐘。

完成！

延伸作法

歐 式 乳 酪 厚 片

技法｜液種法

方法簡單，美味卻不打折。誰說在家不能享受自製的美味乳酪厚片呢？

材料

切片吐司	3 片	[歐式乳酪醬，作法見 P.228]
歐式乳酪醬	適量	

01　將麵包切成 2 公分大小的厚片。

注意　可觀察切片時桌面是否有掉屑，若有，代表該麵包稍微過度發酵。

02　切片後將吐司冷凍 10-15 分鐘，避免塗抹抹醬時傷害麵包柔軟表面。

03　依照個人喜好抹上歐式乳酪醬。

04　放上起司片，即可進行烘烤。

上火 230 度／下火 230 度，烤 5 分鐘。

完成！

老麵麵糰製作方法

技法 | 老麵麵糰

明太子為日本九州博多的名產，是以鱈魚卵加鹽醃漬而成，在料理上的運用非常廣，而且取得方便。加上簡單的材料就可以輕鬆調製出鹹香又有啵啵口感的明太子醬，烤成厚片土司，一天之中的任何時刻都適合享用。

延伸作法

明 太 子 厚 片

材料			明太子醬	
厚片吐司			明太子	150g
明太子醬		適量	日式 Q 比醬	300g
			無鹽奶油	100g
			新鮮檸檬汁	15g

明太子醬作法

將明太子、日式 Q 比醬、軟化的無鹽奶油及新鮮檸檬汁，以攪拌器均勻攪拌即可。

[一般市售的明太子，將薄膜去除後即可作為材料使用。]
[製作完成的明太子醬可冷藏保存 3-4 天。]

01 將麵包切成 2.5 公分大小的厚片，將吐司冷凍 10-15 分鐘，避免塗抹抹醬時傷害麵包柔軟的表面。

注意 製作鹹吐司厚片不能切太薄，避免整體口感過鹹。

02 依照個人喜好抹上明太子抹醬，即可進行烘烤。

上火 200 度／下火 200 度，可依個人喜好烤 3-5 分鐘

注意 剛出爐的厚片非常柔軟，建議使用小鏟子。

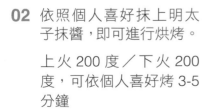

技法｜老麵麵糰

自製香蒜奶油醬其實一點都不難，一次製作可以放個幾天，跟著呂老師的比例，
簡單幾個步驟就可以做出比市售還好吃的香蒜醬。

延伸
作法

香 蒜 奶 油 厚 片

材料		香蒜奶油	
厚片吐司		無鹽奶油	100g
香蒜奶油醬	適量	新鮮蒜泥	40g
		帕瑪森起士粉	20g
		鹽	2g

香蒜奶油醬作法

將新鮮蒜泥、帕瑪森起士粉、鹽及軟化的無鹽奶油，以攪拌器均勻攪拌即可。

[國產蒜泥香氣較為濃郁，進口蒜泥香氣較淡，可選擇使用。]

[製作完成的香蒜奶油醬可以冷藏保存 3-4 天，使用前室溫回軟後即可塗抹使用。]

01 將麵包切成 2.5 公分大小的厚片，將吐司冷凍 10-15 分鐘，避免塗抹抹醬時傷害麵包柔軟的表面。

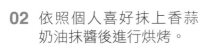 製作鹹吐司厚片不能切太薄，避免整體口感過鹹。

02 依照個人喜好抹上香蒜奶油抹醬後進行烘烤。

上火 220 度／下火 220 度，烤 5 分鐘。

注意 大蒜要在短時間內烤熟需要較高的烤溫。

延伸作法 香濃奶酥厚片

技法｜老麵麵糰

呂老師的香濃奶酥餡是採用糖油法調製而成，搭配白美娜調勻後即可成為抹醬，可直接塗抹在吐司上進行烘烤。簡單的比例及步驟，即可調製出香濃、蓬鬆、可口的奶酥醬。

材料

厚片吐司
香濃奶酥餡　　　適量

[香濃奶酥餡作法，見 P234]

01 將麵包切成 2 公分大小的厚片。

注意 可觀察切片時桌面是否有掉屑，若有，代表該麵包稍微過度發酵。

02 切片後將吐司冷凍 10-15 分鐘，避免塗抹抹醬時傷害麵包柔軟表面。

03 依照個人喜好抹上香濃奶酥醬後，即可進行烘烤。

上火 220 度／下火 220 度，烤 5 分鐘。

延伸作法

黑 糖 奶 酥 厚 片

技法｜老麵麵糰

呂老師的黑糖奶酥餡是採用糖油法調製而成，搭配白美娜調勻後即可成為抹醬。
奶油及奶粉等級會影響餡料的口感及層次感，這也是自製餡料比市售餡料好吃
的關鍵祕密之一。相較於原味奶酥，黑糖奶酥質地較為濕潤，這是正常現象。

材料

厚片吐司　　　　　　　　　　　　[黑糖奶酥餡作法，見 P236]
黑糖奶酥餡　　適量

01 將麵包切成 2 公分大小的厚片。

注意 可觀察切片時桌面是否有掉屑，若有，代表該麵包稍微過度發酵。

02 切片後將吐司冷凍 10-15 分鐘，避免塗抹抹醬時傷害麵包柔軟表面。

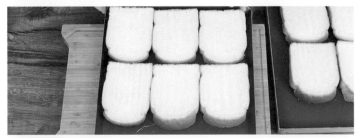

03 依照個人喜好抹上黑糖奶酥醬，即可進行烘烤。

上火 220 度／下火 220 度，烤 5 分鐘。

中種法麵糰製作方法

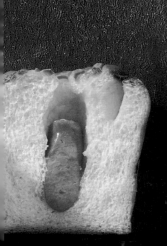

角 食 吐 司

技法｜中種法

中種法麵糰在室溫下要發酵好幾個小時，由於長時間發酵，造成吐司的抗老化性強，保存時間稍長。製作出的吐司口感綿密，氣味稍弱，建議搭配火腿吐司、乳酪吐司等烘焙彈性比較強的鹹吐司。

中種麵糰材料

高筋麵粉	700g
水	420g
砂糖	10g
即發酵母	10g

主麵糰

高筋麵粉	300g
全脂奶粉	30g
砂糖	70g
玫瑰鹽	20g
水	250g
無鹽奶油	80g

分量

12 兩吐司 4 條

[步驟 1-18，同「角食吐司麵糰」，見 P.178]

預估製作時間

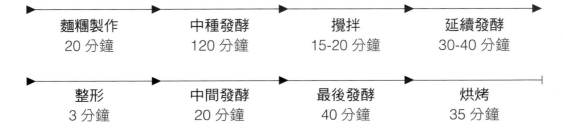

麵糰製作	中種發酵	攪拌	延續發酵
20 分鐘	120 分鐘	15-20 分鐘	30-40 分鐘

整形	中間發酵	最後發酵	烘烤
3 分鐘	20 分鐘	40 分鐘	35 分鐘

19 麵糰分切，每份 260g，
共 2 份。

20 先拍一拍，進行滾圓後，
蓋上塑膠袋，常溫發酵
20 分。

21 從麵糰中間下棍，先往
下再往上，把麵糰擀開。

22 將麵糰翻面後，再轉 90
度。

23 從上往下，將麵糰捲成長條狀，再搓成約 30 公分長。

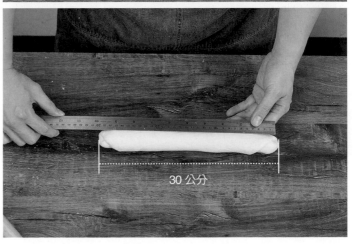

30 公分

24 將兩條麵糰交疊成十字，
   依序捲成麻花狀。

25 一個模型裝一個麵糰，
   噴水，準備最後發酵。

26 發酵到 8 分滿（離蓋頂約 2 公分），在麵糰表面灑上水，蓋上蓋子，進行烘烤。

上火 210 度／下火 210 度，烤 35 分鐘。

完成！

德 國 香 腸 芥 末 吐 司

技法 | 中種法

與台式香腸不同，本身以完美的脂肪和肉比例，以及爽脆口感來呈現極其美味的德國香腸，搭配起司與黃芥末，當作正餐或點心都能滿足你的味蕾。

中種麵糰材料

高筋麵粉	700g
水	420g
砂糖	10g
即發酵母	10g

主麵糰

高筋麵粉	300g
全脂奶粉	30g
砂糖	70g
玫瑰鹽	20g
水	250g
無鹽奶油	80g
起司片	8 片
德國香腸	8 條

分量

sn2151*8 條

[步驟 1-18，同「角食吐司麵糰」，見 P.178]

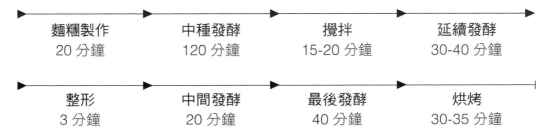

預估製作時間

麵糰製作	中種發酵	攪拌	延續發酵
20 分鐘	120 分鐘	15-20 分鐘	30-40 分鐘

整形	中間發酵	最後發酵	烘烤
3 分鐘	20 分鐘	40 分鐘	30-35 分鐘

洋蔥乳酪吐司

技法｜中種法

每一口吐司中都能吃到乳酪，搭配在高溫烘烤後濃縮甜份十足的洋蔥絲，清爽的口感總是令人意猶未盡，再多都能吃得下。

中種麵糰材料		主麵糰	
高筋麵粉	700g	高筋麵粉	300g
水	420g	全脂奶粉	30g
砂糖	10g	砂糖	70g
即發酵母	10g	玫瑰鹽	20g
		水	250g
		無鹽奶油	80g
		乳酪丁	60g*3

分量

sn2151*8 條

[步驟 1-18，同「角食吐司麵糰」，見 P.178]

預估製作時間

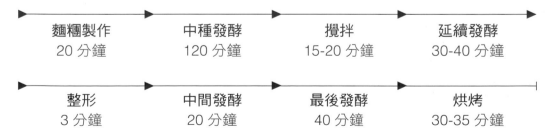

麵糰製作	中種發酵	攪拌	延續發酵
20 分鐘	120 分鐘	15-20 分鐘	30-40 分鐘

整形	中間發酵	最後發酵	烘烤
3 分鐘	20 分鐘	40 分鐘	30-35 分鐘

火腿布里起司吐司

技法｜中種法

布里起司是一種柔軟的起司，屬於白黴乳酪的一種，以牛奶或者羊奶發酵製成，奶油味濃厚溫和，更有乳酪之王的美稱。搭配火腿與吐司結合，誰説美味一定要去昂貴的下午茶餐廳才能享用？

中種麵糰材料

高筋麵粉	700g
水	420g
砂糖	10g
即發酵母	10g

主麵糰

高筋麵粉	300g
全脂奶粉	30g
砂糖	70g
玫瑰鹽	20g
水	250g
無鹽奶油	80g
布里起司	60g*4
火腿	2 片 *4

分量

sn2151*8 條

[步驟 1-18，同「角食吐司麵糰」，見 P.178]

預估製作時間

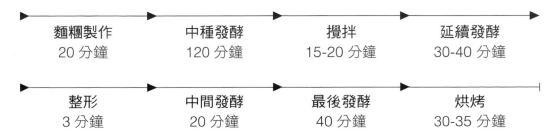

麵糰製作	中種發酵	攪拌	延續發酵
20 分鐘	120 分鐘	15-20 分鐘	30-40 分鐘

整形	中間發酵	最後發酵	烘烤
3 分鐘	20 分鐘	40 分鐘	30-35 分鐘

天然酵母麵糰製作方法

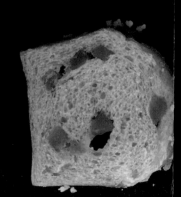

05 觀察麵糰狀態是否如圖，若是，再以中速攪拌 5 分鐘。

06 麵糰逐漸呈現光滑狀態。

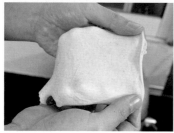

07 可拉出薄膜時，即可加入已軟化的奶油。

08 加入奶油後，以低速攪拌 2 分鐘。

注意 採用全麥粉的麵糰，攪拌時間要稍短，以避免斷筋。

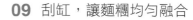

09 刮缸，讓麵糰均勻融合

10 當奶油吸收進麵糰後，再以中速攪拌 2 分鐘

11 拉薄膜以確定麵糰狀態

注意 麵糰打完的溫度為攝氏 28-30 度，溫度再稍高一點也可以接受。

12 麵糰本身彈性十足，滾圓後即可進行基本發酵。

13 發酵完成的大小。

14 手指按壓判斷麵糰彈性。

完成！

白神小玉吐司

技法｜天然酵母法

由天然酵母所製成的吐司，在發酵過程中產氣溫和，所製成的吐司健康好吃，口感優雅甘甜，咀嚼過程中還會回甘，並帶有淡淡果香及海藻糖的風味。操作時間雖然短，效果卻奇佳無比。

分量

12 兩吐司 4 條
或
24 兩吐司 2 條

[步驟 1-14，同「白神小玉酵母吐司麵糰」，見 P.202]

預估製作時間

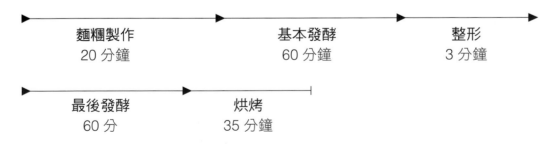

| 麵糰製作 | 基本發酵 | 整形 |
| 20 分鐘 | 60 分鐘 | 3 分鐘 |

| 最後發酵 | 烘烤 |
| 60 分 | 35 分鐘 |

15 麵糰分切。
12 兩吐司：每份 270g，2 份。
24 兩吐司：每份 330g，3 份。

16 找麵糰的光滑面，拍一拍後翻面。

17 由上往下，捲兩次呈長條狀。

注意 希望以不使用 麵棍的方式進行整形，以創造出較 Q 的口感。

18 蓋上塑膠袋，常溫發酵 30 分。

19 發酵後的大小。

20 將麵糰從上到下輕柔壓開後將麵糰翻面。

21 將麵糰從上往下捲 2 折。

22 從麵糰兩側輕柔滾圓。

23 將 2 個麵糰裝入模型中，準備進行最後發酵。

24 麵糰高度發到 9 分左右即可，先在表面灑水。

注意 初學者常犯錯誤：

1. 若後發完成後，麵糰表面龜裂，是因之前滾圓步驟滾太緊所致。

2. 若表面帶有過多氣泡，是因滾圓步驟沒有將氣泡排除。

25 均勻撒上薄薄一層小麥粉，即可進行烘烤。

上火 190 度／下火 230 度，烤 35 分鐘

 灑粉時千萬要均勻，不要看到麵糰，若第一層灑完表面還是微濕，可以再撒第二層，但進爐前切勿再灑水！小麥粉會擋掉在烘烤的過程中水分的蒸發，讓吐司烤出來會更高大。

26 可仔細觀察吐司的綿密細緻。

完成！

白神小玉杏桃乳酪吐司

技法｜天然酵母法

和水蜜桃外觀相似的杏桃有著非常高的營養價值，富含豐富的蛋白質、礦物質、維生素和胺基酸。製成果乾後口感濃郁，搭配布里乳酪一同入吐司烘烤，所帶出的層次更是難以言喻的好滋味！

材料

蜜漬杏桃	60g
布里乳酪	20g

* 或 以 奶 油 乳 酪 (Cream Cheese) 代替，分量 40g

珍珠糖	適量

分量

sn2151*8 條

[步驟 1-14，同「白神小玉天然酵母吐司麵糰」，見 P.202]

[步驟 15-20，同「白神小玉吐司」，見 P.206]

預估製作時間

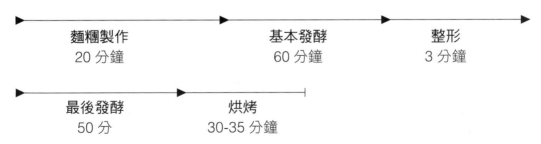

麵糰製作	基本發酵	整形
20 分鐘	60 分鐘	3 分鐘

最後發酵	烘烤
50 分	30-35 分鐘

21 均勻鋪上 60g 杏桃，麵糰上下 3 公分留空。

22 放上布里乳酪 20g。

注意 乳酪不宜過量，避免搶走杏桃風味。

23 將麵糰從上往下捲。

24 放入模型中，剪三刀，準備進行最後發酵。

注意 下刀深度約為麵糰的一半，發酵前將麵糰剪開，讓溫度能均勻滲透入麵糰中。

25 麵糰高度發到 8 分滿左右即可，並在麵糰表面灑水。

26 撒上適量珍珠糖裝飾，即可進行烘烤。

注意 千萬注意不能過度發酵！

上火 180 度／下火 230 度，烤 25-30 分鐘

完成！

白神小玉核桃乳酪吐司

技法 | 天然酵母法

核桃與奶油乳酪本就是完美搭檔，時常出現在抹醬中。在這款吐司中，我們讓其保持各自獨立的口感，用味蕾來分辨其層次，再加上南瓜子的爽脆以及吐司的 Q 彈，讓你一口接一口的意猶未盡。

材料		分量
1/8 核桃	40g	sn2151*8 條
奶油乳酪	40g	[步驟 1-14，同「白神小玉天然酵母吐司
南瓜子（或杏仁角）	適量	麵糰」，見 P.202]

[步驟 1-14，同「白神小玉天然酵母吐司麵糰」，見 P.202]

預估製作時間

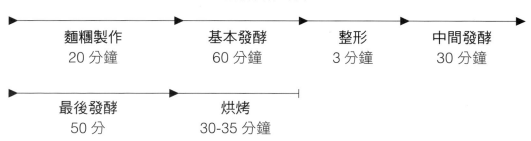

麵糰製作	基本發酵	整形	中間發酵
20 分鐘	60 分鐘	3 分鐘	30 分鐘

最後發酵	烘烤
50 分	30-35 分鐘

21 均勻鋪上 40g 核桃，麵糰上下 3 公分留空。

22 放上奶油乳酪 40g。

23 將麵糰從上往下捲。

24 放入模型中，剪三刀，準備進行最後發酵。

注意 下刀深度約為麵糰的一半，發酵前將麵糰剪開，讓溫度能均勻滲透入麵糰中。

30 麵糰高度發到 8 分滿左右即可，在麵糰表面灑水。

31 撒上適量南瓜子（或杏仁角）裝飾，即可進行烘烤

注意 千萬注意不能過度發酵！

上火 180 度／下火 230 度，烤 25-30 分鐘。

完成！

配 料 篇

奶香波蘿餡

技法

糖油法

將奶油與糖打至稍發，
再加入蛋液。

製作時間

5 分鐘

材料

無鹽奶油	100g
純糖粉	100g
雞蛋	65g
全脂奶粉	15g
低筋麵粉	235g
手粉（高筋麵粉）	適量

01 用手按壓，判斷奶油是
否已在室溫軟化。

02 加入過篩好的純糖粉，
與奶油一起拌打。

03 均勻攪拌。

04 以攪拌棒刮缸，把奶油
往中間集中。

05 觀察奶油顏色是否變淡，
   呈現稍發狀態。

06 加入一半已經打散的蛋
   液，繼續打至完全看不
   出蛋液。

07 再次刮缸。

08 加入第二次蛋液，請全
   數加入。

注意▶若產生花花的，油水分
離的狀態，可能原因是奶油
溫度太低或蛋液加入速度太
快。正常應呈現光亮、光滑
的狀態。

09 檢查奶油狀態是否光滑。

10 加入過篩奶粉。

11 加入過篩低筋麵粉。

12 使用慢速稍微攪拌均勻。

13 當攪拌至八九分均勻狀態，即可倒出來。

14 加入適量手粉。

15 先用手掌按壓。

16 再以刮刀將奶油鏟起翻面。

17 翻攪過程中，可再加入適量手粉。

18 重複 15-17 步驟數次，逐漸將波蘿皮整理成長條狀。

19 檢查波蘿皮是否呈現不沾黏的鬆軟狀態，即完成。可封保鮮膜冷藏備用。

酥波蘿

技法	
手揉	
製作時間	
3 分鐘	
材料	
無鹽奶油	50g
砂糖	60g
高筋麵粉	100g

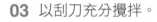

01 用手按壓，判斷奶油是否已在室溫軟化。

02 將奶油、砂糖粉及過篩高筋麵粉依序加入。

03 以刮刀充分攪拌。

04 攪拌至砂粒狀即完成。

05 裝入袋中，冷凍可保存一週。

注意 成品為砂粒狀，若直接成團，可能是因為奶油退溫過度，或是攪拌過度。補救方式為冰硬之後再搓碎。

香草卡士達餡

技法

攪拌法

製作時間

10 分鐘

材料

鮮奶	500g
香草濃縮醬	3g
蛋黃	150g
砂糖	150g
低筋麵粉	25g
玉米粉	20g
無鹽奶油	30g

01 將香草濃縮醬、蛋黃、砂糖攪拌均勻。

02 加入過篩的低筋麵粉及玉米粉，攪拌均勻。

03 將鮮奶煮滾，沖入攪拌均勻的材料中，再回煮至濃稠狀。

04 將鍋離火，加入奶油並攪拌均勻後，倒入平盤中冷藏備用。

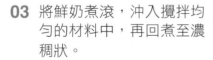 卡士達餡的製作，需趁熱冷藏，需要冰過後才能裝入擠花袋使用，不能放涼才冰。

歐式乳酪餡

特色	
可作為抹醬或內餡的 完美餡料。	
製作時間	
5 分鐘	
材料	
奶油乳酪	100g
無鹽奶油	100g
全脂奶粉	50g
砂糖	50g

01 用手按壓，判斷奶油乳酪是否已在室溫軟化。

02 用手按壓，判斷無鹽奶油是否已在室溫軟化。

03 將奶油乳酪加入砂糖攪拌均勻，不用打發。

04 加入無鹽奶油繼續攪拌均勻、質感滑順即可，不用打發。

05 刮缸。

注意奶油乳酪質地容易黏附在攪拌缸周圍，攪拌過程中需適度刮缸，讓餡料充分拌攪拌均勻。

06 檢查餡料是否已充分攪拌均勻，餡料質感滑順，不會有花花的油水分離狀態。

07 加入奶粉。

08 稍微攪拌均勻即可。

09 再次刮缸。

10 檢查是否均勻攪拌，即完成。可冷藏保存兩天，但使用前要先退冰。

香草墨西哥餡

技法
粉油法

將奶油跟所有粉類先攪拌均勻，最後才加入蛋液。

製作時間
5 分鐘

材料	
無鹽奶油	100g
純糖粉	80g
雞蛋	70g
香草濃縮醬	2g
低筋麵粉	100g

01 用手按壓，判斷奶油是否已在室溫軟化。

02 將濃縮香草醬加入奶油後加入鋼盆，依序加入過篩純糖粉及過篩低筋麵粉。

03 攪拌初期，餡料會呈現為沙粒狀。

04 繼續攪拌後，餡料將均勻融合。

05 當餡料已均勻融合,將
蛋液全數加入。

06 檢查餡料是否攪拌均勻,
在刮缸後繼續攪拌,直
至餡料充分乳化。

07 當餡料呈現滑順的狀態
即完成。

 奶油太冰、蛋液太冰或
蛋液未充分攪拌均勻等原因,
皆有可能導致餡料無法打至
滑順狀態。

08 將餡料裝入擠花袋中。

09 完成。

 完成的餡料裝入擠花袋
保存,不可以放入冰箱,以
避免油水分離、變花、變硬。
不可過夜保存,需當天使用
完畢。

黑糖墨西哥餡

技法
粉油法

將奶油跟所有粉類先攪拌均勻，
最後才加入蛋液。

製作時間
5 分鐘

材料	
無鹽奶油	100g
黑糖粉	80g
雞蛋	70g
低筋麵粉	100g

01 用手按壓，判斷奶油是否已在室溫軟化。

02 將奶油、黑糖及過篩低筋麵粉依序加入。

03 攪拌初期，餡料會呈現為沙粒狀。

04 繼續攪拌後，適時刮缸將餡料均勻融合。

注意 此時已可聞到天然的黑糖香。

05 使用慢速稍微攪拌均勻。

06 當攪拌至八九分均勻狀態，即可倒出來。

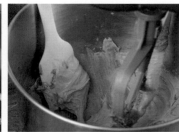

07 加入適量手粉。

08 先用手掌按壓。

09 再以刮刀將奶油鏟起翻面。

10 翻攪過程中，可再加入適量手粉。

香濃奶酥餡

技法

糖油法

將奶油與糖打至稍發，
再加入蛋液。

`注意` 奶油及奶粉等級會影響餡
料的口感及層次感。

製作時間

5 分鐘

材料

材料	
無鹽奶油	150g
純糖粉	120g
蛋黃	40g
全脂奶粉	200g

01 用手按壓，判斷奶油是
否已在室溫軟化。

02 加入過篩好的純糖粉，
與奶油一起拌打。

03 均勻攪拌。

04 觀察奶油顏色是否變淡，
呈現稍發狀態。

05 將蛋液全部加入拌攪。

06 刮缸，將餡料集中繼續拌打。

07 檢查奶油狀態是否滑順蓬鬆，以確保奶酥口感質地細緻。

08 加入過篩奶粉，低速拌勻即可。

09 再次刮缸。

10 檢查是否呈現鬆軟質感，即完成。常溫保存，當日使用完畢。

11 若要作為抹醬使用，可以 100g 奶酥餡與 20g 白美娜均勻攪拌後，即可直接使用。

黑糖奶酥餡

技法

糖油法

將奶油跟所有粉類先攪拌均勻，
最後才加入蛋液。

注意 奶油及奶粉等級會影響餡
料的口感及層次感。

製作時間

5 分鐘

材料

無鹽奶油	150g
黑糖粉	120g
蛋黃	40g
全脂奶粉	200g

01 用手按壓，判斷奶油是
否已在室溫軟化。

02 加入過篩好的黑糖粉，
與奶油一起拌打。

03 均勻攪拌。

04 記得要停下來刮缸，讓
奶油充分乳化。

05 確定乳化均勻，將蛋液全部加入拌攪。

06 再次刮缸，將餡料集中繼續拌打。

07 檢查奶油狀態是否滑順蓬鬆，以確保奶酥口感質地細緻。

08 加入過篩奶粉，低速拌勻即可。

09 再次刮缸。

10 均勻攪拌即完成。常溫保存，當日使用完畢。

注意 相較於原味奶酥，黑糖奶酥質地較為濕潤，此為正常現象。

11 若要作為抹醬使用，可以 100g 黑糖奶酥餡與 20g 白美娜均勻攪拌後，即可直接使用。

Joy of Baking

麥典
實作工坊
HOME-MADE SERIES

❧ 安心、手作、樂趣、分享 ❧

烘焙黃金幸福

• 取自小麥中心精華的麵粉
• 專門為家用攪拌機、製麵包機、手揉開發 • 不使用任何添加劑、改良劑

超過百道
烘焙食譜線上看

愛用者服務專線：0800037520
服務信箱：臺灣臺南市永康區中正路301號
網址：www.uni-president.com.tw
www.pecos.com.tw

統一企業（股）公司
UNI-PRESIDENT ENTERPRISES CORP.

開 創 健 康 快 樂 的 明 天

呂昇達：職人手作吐司全書

從名店熱銷白吐司到日本人氣頂級吐司，一次學會八大類型
開店秒殺職人手作技法

作　　　者／呂昇達
攝　　　影／黃威博
美 術 編 輯／申朗創意
責 任 編 輯／蘇士尹・華華
企畫選書人／賈俊國
烘 焙 助 理／湯瑪士

總 編 輯／賈俊國
副 總 編 輯／蘇士尹
編　　　輯／高懿萩
行 銷 企 畫／張莉滎・蕭羽猜・黃欣

發 行 人／何飛鵬
法 律 顧 問／元禾法律事務所王子文律師
出　　　版／布克文化出版事業部
　　　　　　台北市南港區昆陽街 16 號 4 樓
　　　　　　電話：(02)2500-7008 傳真：(02)2502-7676
　　　　　　Email：sbooker.service@cite.com.tw
發　　　行／英屬蓋曼群島商家庭傳媒股份有限公司城邦分公司
　　　　　　台北市南港區昆陽街 16 號 5 樓
　　　　　　書蟲客服服務專線：(02)2500-7718；2500-7719
　　　　　　24 小時傳真專線：(02)2500-1990；2500-1991
　　　　　　劃撥帳號：19863813；戶名：書蟲股份有限公司
　　　　　　讀者服務信箱：service@readingclub.com.tw
香港發行所／城邦（香港）出版集團有限公司
　　　　　　香港灣仔駱克道 193 號東超商業中心 1 樓
　　　　　　電話：+852-2508-6231　　傳真：+852-2578-9337
　　　　　　Email：hkcite@biznetvigator.com
馬新發行所／城邦（馬新）出版集團 Cité (M) Sdn. Bhd.
　　　　　　41, Jalan Radin Anum, Bandar Baru Sri Petaling,
　　　　　　57000 Kuala Lumpur, Malaysia
　　　　　　電話：+603- 9057-8822　　傳真：+603- 9057-6622
　　　　　　Email：cite@cite.com.my
印　　　刷／卡樂彩色製版印刷有限公司
初　　　版／2022 年 01 月
初版 11 刷／2024 年 04 月
售　　　價／550 元
I S B N／978-986-0796-32-2
E I S B N／978-986-0796-31-5（EPUB）